# QUELQUES NOTES

SUR

# LA STRUCTURE ET LA SÉCRÉTION

# DE LA CORNE

INFLUENCE DU SYSTÈME NERVEUX SUR LES PROPRIÉTÉS NUTRITIVES ET SÉCRÉTOIRES DE LA MEMBRANE KÉRATOGÈNE ET SUR LA NUTRITION ET LES SÉCRÉTIONS EN GÉNÉRAL ;

**PAR A. CHAUVEAU,**

Chef des Travaux anatomiques à l'École impériale Vétérinaire de Lyon.

LYON.

CHARLES SAVY JEUNE, LIBRAIRE-ÉDITEUR,
Place Bellecour, 14.

1853.

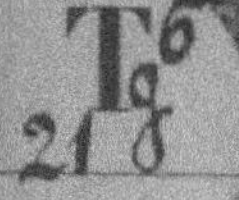

QUELQUES NOTES

SUR

# LA STRUCTURE ET LA SÉCRÉTION DE LA CORNE

INFLUENCE DU SYSTÈME NERVEUX SUR LES PROPRIÉTÉS NUTRITIVES ET SÉCRÉTOIRES DE LA MEMBRANE KERATOGÈNE ET SUR LA NUTRITION ET LES SÉCRÉTIONS EN GÉNÉRAL ;

PAR A. CHAUVEAU,

Chef des Travaux anatomiques à l'Ecole impériale Vétérinaire de Lyon.

LYON.

CHARLES SAVY JEUNE, LIBRAIRE-ÉDITEUR,
Place Bellecour, 14.

1853.

# QUELQUES NOTES

SUR

# LA STRUCTURE ET LA SÉCRÉTION DE LA CORNE;

## INFLUENCE DU SYSTÈME NERVEUX SUR LES PROPRIÉTÉS NUTRITIVES ET SÉCRÉTOIRES DE LA MEMBRANE KÉRATOGÈNE ET SUR LA NUTRITION ET LES SÉCRÉTIONS EN GÉNÉRAL,

PAR A. CHAUVEAU.

---

Je n'ai point la prétention de présenter dans ce travail une étude complète du système histologique si remarquable, qui comprend dans son ensemble toutes les *productions cornées*. Ma tâche se bornera à exposer le résultat de quelques recherches entreprises sur le sabot de nos animaux domestiques, dans le but d'éclaircir certains détails d'organisation restés encore obscurs, malgré les travaux publiés, à ce sujet, en France et en Allemagne.

Ces recherches ne datent point d'aujourd'hui. Elles sont terminées depuis plus de deux ans, et les points de doctrine qu'elles tendent à établir ont été déjà vulgarisés dans l'enseignement de l'Ecole de Lyon. Si j'ai tardé jusqu'à présent à les mettre au jour, c'est que j'avais l'espérance de pouvoir les continuer sur une plus grande échelle, afin d'arriver à des conclusions plus certaines et plus générales.

Le temps m'a manqué pour réaliser mes projets ; et, comme je ne prévois pas qu'il me sera possible de trouver, si ce n'est dans un avenir assez éloigné, des loisirs suffisants à consacrer à un travail de cette nature, je me décide à publier, telles quelles, les notes que j'ai recueillies autrefois.

J'examinerai successivement : l'organisation intérieure de la corne du sabot, les éléments anatomiques qui la composent, son mode de sécrétion et la nature de cette sécrétion.

Ceque j'ai à dire sur ces différents sujets s'appliquera au porc, au mouton et au bœuf, aussi bien qu'au cheval, que j'ai choisi pour type. En effet, les caractères anatomiques sur lesquels j'ai à insister, bien que mieux marqués chez ce dernier, sont néanmoins parfaitement identiques dans tous les animaux ongulés.

## ORGANISATION INTÉRIEURE DE LA CORNE DU SABOT.

C'est un point sur lequel je serai bref, parce qu'il est à peu près parfaitement connu (1).

I. — La corne, quelle que soit la région du sabot où on l'examine, se présente avec les mêmes caractères d'organisation. Partout elle est creusée de canaux cylindriques dont l'extrémité supérieure, évasée en en-

---

(1) Dès 1836, M. Gurtl, de Berlin (*Archives de Muller*), avait démontré la disposition tubuleuse de la corne. — M. Delafond a reproduit ensuite (*Bulletin de la Société centrale de Médecine vétérinaire*. 1845.), avec des développements nouveaux, les observations du professeur allemand. — Le travail le plus récent sur cette matière se trouve dans l'excellent traité de M. H. Bouley sur l'organisation du pied du cheval. Il renferme une bonne description des tubes cornés.

tonnoir, engaine les papilles de la matrice de l'ongle (bourrelet, sillon périoplique, tissu velouté). Leur extrémité inférieure vient s'ouvrir dans la paroi, sur le bord plantaire, dans la sole et la fourchette, à la face externe ou inférieure.

Ces canaux sont rectilignes, à l'exception de ceux de la fourchette qui se montrent plus ou moins flexueux.

Les tubes de la corne ont tous la même direction. Ils suivent l'inclinaison de la paroi, non-seulement dans cette partie du sabot, mais encore dans la sole, le périople et la fourchette. Ils sont donc à peu près parallèles entre eux.

Leur diamètre peut varier dans des proportions considérables. Ainsi, on en trouve qui mesurent seulement 0,02$^{mm}$, d'autres qui vont jusqu'à 0,[illegible]3 ou 0,[illegible]4$^{mm}$. Du reste, les plus petits sont toujours ceux du périople. Dans la paroi (voy. fig. 8), on les voit d'autant plus étroits qu'on les observe plus près de la surface antérieure.

II. — L'intérieur des tubes cornés n'est jamais tapissé par une membrane particulière. M. Delafond, qui a parlé de cette membrane (1), a sans doute été trompé par une illusion d'optique. En effet, sur une lamelle de corne d'une certaine épaisseur, on voit, sous le microscope, la lumière d'un tube corné coupé transversalement, circonscrite par un anneau très foncé qui semble, au premier abord, représenter l'épaisseur d'une membrane. Mais cet anneau est le résultat d'un effet de diffraction qui se produit constamment sur les bords des

(1) *Loc. cit.*

objets un peu épais, vus par transparence. Si l'on soumet à l'examen microscopique une coupe très mince, transversale ou plutôt légèrement oblique, les tubes cornés ne présentent plus d'anneau autour de leur canal intérieur, parce que l'effet de diffraction est nul ou peu marqué. (Voy. fig. 7.)

III. — Ces tubes ne sont point simplement creusés dans la substance cornée; ils ont des parois propres d'une très grande épaisseur, formées elles-mêmes de nombreuses couches concentriques, emboîtées les unes dans les autres. (Voy. les fig. 3, 5, 9.) La substance cornée qui les réunit (que l'on pourrait appeler *substance intertubulaire*) ne présente, au premier abord, aucune disposition stratiforme apparente.

IV. — Comme nous le savons déjà, les canaux cornés logent, à leur origine, les papilles de la membrane kératogène; mais ils ne sont point vides dans le reste de leur étendue. Ils sont remplis d'une substance blanche particulière, amorphe et d'une opacité telle qu'elle paraît d'un beau noir quand on l'examine par transparence sous le microscope. (Voy. fig. 4 et 7.)

Cette substance n'est pas uniformément déposée dans toute la longueur des canaux de la corne. Ainsi, on la trouve souvent interrompue de distance en distance, de manière à figurer une corde noueuse ou un chapelet. (Voy. fig. 4.) D'un autre côté, dans les points où elle existe, elle ne remplit pas toujours exactement le calibre du tube corné qui la contient. On constate alors un intervalle entre la paroi intérieure de celui-ci et le dépôt intratubulaire que cette substance constitue.

Quelquefois, elle se répand en dehors des tubes, parmi

les lamelles concentriques de leurs parois et même dans la substance cornée intertubulaire. C'est ce qu'on remarque surtout dans la corne blanche de la paroi, où elle forme des dépôts fort irréguliers (voy. fig. 6), et dans la corne de la sole, quelle que soit sa couleur, où elle est généralement disséminée en molécules ténues. (Voy. fig. 5.)

V. — Telles sont les particularités que l'étude révèle dans l'organisation intérieure du sabot du cheval.

On pourrait, pour prendre une idée bien nette de cette organisation, se figurer la corne comme formée par l'accolement de tiges dicotylédones microscopiques, réunies entre elles au moyen d'une substance ligneuse intermédiaire.

Chaque tige, avec son canal médullaire et ses couches de ligneux, représenterait un tube corné, son canal intérieur et les couches concentriques qui le circonscrivent. — La moelle tiendrait la place de la substance intratubulaire. — Il n'y aurait pas jusqu'aux rayons médullaires qui ne trouveraient leurs représentants dans les amas de cette substance intratubulaire, extravasés en dehors du canal intérieur des tubes. — Enfin, la substance ligneuse que nous avons supposée réunir les tiges accolées parallèlement les unes aux autres, serait l'analogue de la substance cornée intertubulaire.

### ÉLÉMENTS ANATOMIQUES DE LA CORNE.

Les éléments histologiques que l'analyse anatomique permet de reconnaître dans la corne, sont au nombre de trois : 1° des lamelles épithéliales ; 2° des corpuscules pigmentaires ; 3° une matière amorphe.

*Lamelles épithéliales.* — I. — Ce sont elles qui constituent la base de tout tissu corné. Aussi le sabot des animaux domestiques n'est-il, à proprement parler, qu'un immense dépôt d'épithéliums.

Ces lamelles appartiennent au genre d'épithélium le plus répandu dans l'économie animale, à l'*épithélium pavimenteux*. Elles ne diffèrent de celles de l'épiderme cutané que par leurs moindres dimensions et leur forme plus oblongue. Elles ont été décrites par Numann (1), d'après M. Harting, dans les cornes frontales du bœuf, et, par M. Delafond, dans les parois des tubes cornés du sabot du cheval. Personne encore ne les a signalées dans la substance intertubulaire dont elles forment cependant l'élément principal, et dans quelques cas même le *seul* élément.

II. — Comme une macération prolongée finit par désagréger, d'une manière plus ou moins parfaite, les lamelles épithéliales de la corne, on aura recours à ce procédé pour les isoler les unes des autres et pouvoir en observer les caractères.

C'est surtout dans le périople que ce résultat est facile à obtenir. Aussi conseillerons-nous de choisir la corne de cette partie du sabot pour la préparation des épithéliums cornés. L'opération est des plus simples : il suffit d'enlever un lambeau du périople sur un sabot retiré de l'eau après quinze jours de macération, et de le secouer sur une lame de verre porte-objet. Les la-

(1) *Considérations anatomo-physiologiques sur les cornes frontales de l'espèce bovine*, par M. Numann, analysées par M. Verheyen. 1847. *Bibliothèque vétérinaire.*

melles épithéliales s'en détachent par centaines, et il devient alors extrêmement facile de les étudier sous le microscope.

Nous avons représenté, fig. 1re, quelques-unes de ces lamelles considérablement grossies.

III. — Elles sont très minces, pâles, polygonales et généralement oblongues. Les bords en sont nets et les faces très finement granulées. Elles présentent quelquefois un noyau avec nucléole simple ou multiple, noyau qui occupe tantôt le centre, tantôt un autre point de la surface, et qu'on rencontre même tout-à-fait sur les bords.

L'acide acétique n'agit que très lentement et très faiblement sur elles. Son action se borne à les rendre plus transparentes.

La potasse caustique les ramollit d'abord, en fait disparaître l'aspect grenu et arrondit leurs contours. Sous l'influence de ce puissant réactif, elles deviennent tout-à-fait diaphanes et finissent enfin par se dissoudre complètement. — L'acide acétique précipite, de cette solution potassique, des flocons de protéine et dégage du gaz sulfhydrique. L'épithélium corné se comporte donc, au point de vue chimique, absolument comme les matières albumineuses.

La fig. 2 représente, à une période peu avancée, l'action de la potasse caustique sur une fibrille du périople.

IV. — Si l'on examine, dans leurs rapports réciproques, les lamelles épithéliales de la corne, on peut se convaincre qu'elles ne sont point groupées confusément les unes à côté des autres. Elles se disposent, au contraire, d'une manière régulière, sur un plan bien arrêté, et forment dans le sabot une véritable charpente intérieure qui concourt singulièrement à en assurer la flexibilité et la solidité. — Nous étudierons successivement ce mode d'arrangement dans les parois des tubes cornés et dans la substance intertubulaire.

V. — M. Delafond admet que les épithéliums des parois des tubes cornés sont pourvus d'un prolongement destiné à les attacher à la membrane qui tapisse ceux-ci intérieurement. D'après lui, « les lamelles des » canaux de la muraille sont appliquées longitudinale- » ment les unes sur les autres, comme les tuiles d'un » toit, tandis qu'elles sont placées horizontalement et » superposées à plat les unes sur les autres dans ceux » de la sole, disposition qui explique, pour le dire en » passant, pourquoi la muraille croît en longueur et » s'use en donnant des débris fibreux comparables aux » poils, et pourquoi la sole croît en épaisseur en four- » nissant des débris écailleux. »

Cette description de M. Delafond et les figures qui l'accompagnent ne s'accordent pas précisément avec nos propres observations.

Nous répéterons d'abord que la membrane organique qui, selon lui, soutiendrait les épithéliums cornés n'existe pas. De plus, nous n'avons jamais vu aux épithéliums eux-mêmes l'espèce de queue avec laquelle il les a figurés.

Quant à l'arrangement qu'ils affectent, nous croyons pouvoir affirmer qu'il est exactement le même partout, non seulement dans les tubes de la sole et de la muraille, mais encore dans ceux du périople et de la fourchette.

Il rappelle, sous quelques rapports, celui qui a été décrit par M. Delafond dans les canaux de la paroi. — Il est facile de voir, en effet, dans un tube corné, quel qu'il soit, que les lamelles sont groupées à plat autour de son canal intérieur, et stratifiées de dedans en dehors, de manière à former les couches successives et concentriques auxquelles les parois de ce tube doivent l'aspect du système ligneux d'une tige dicotylédone.

Nous reconnaissons, comme on le voit, que les lamelles *sont appliquées longitudinalement* (c'est-à-dire parallèlement à la direction des tubes) *les unes sur les autres*; mais nous n'admettons point qu'elles soient *imbriquées comme les tuiles d'un toit*.

VI. — Dans la substance intertubulaire, les lamelles épithéliales s'arrangent d'une manière toute différente. Leur stratification n'est plus parallèle à la direction des tubes, mais bien perpendiculaire à cette direction. — La substance intertubulaire est donc formée de lamelles épithéliales, empilées de haut en bas les unes sur les autres dans les intervalles qui séparent les tubes cornés.

On remarquera que nous retrouvons précisément ici la texture attribuée par M. Delafond aux lamelles cornées des tubes de la sole.

VII. — Il résulte de ces détails de structure intime que, si l'on soumet à l'inspection microscopique une lame mince de corne dans laquelle les tubes cornés soient coupés en travers, on verra la *tranche* seulement ou l'*épaisseur* des lamelles épithéliales qui composent les parois de ces tubes; tandis que les lamelles de la substance intertubulaire se présenteront *à plat*, c'est-à-dire par *une de leurs faces*.

VIII. — Sur certaines préparations, comme celle qui a été figurée au n° 5, il est déjà possible de constater, sans l'aide d'aucun réactif, cette double stratification en sens inverse. Mais, le plus ordinairement, on est obligé, pour la rendre évidente, d'avoir recours à la potasse caustique, dont l'action est, dans ce cas, vraiment curieuse. — Le premier résultat produit par ce réactif, c'est sans doute la dissolution d'une matière glutineuse interposée aux lamelles pour les unir les unes aux autres ; car on les voit bientôt, même dans la substance intertubulaire qui semble amorphe au premier abord, se dissocier complètement et montrer leurs contours de la manière la plus nette.

Cet effet de la potasse caustique est reproduit par la fig. 3, qui représente une coupe perpendiculaire de quelques tubes de la sole. Elle rend, de la manière la plus parfaite, la disposition dont nous avons parlé dans le paragraphe précédent, c'est-à-dire que les lamelles des parois des tubes y sont vues de côté ou en épaisseur, tandis que celles des espaces intertubulaires se montrent à plat ou en surface.

On remarque encore dans cette figure que la transition entre l'arrangement de la substance propre des tubes et celui de la substance intertubulaire ne s'opère pas d'une manière brusque. On peut voir, en effet, à la périphérie des tubes, une certaine quantité de lamelles qui s'inclinent peu à peu et passent insensiblement à la direction transversale des lamelles intertubulaires.

IX. D'après tout ce qui précède, on sent qu'il n'est plus possible d'accepter l'explication de M. Delafond sur la différence qui existe entre la muraille et la sole sous le rapport du mode de croissance et d'usure. Nous nous contenterons de dire, à ce sujet, que si la paroi croît en longueur, c'est que les éléments nouveaux de cette partie du sabot sont déposés à son bord supérieur et, par conséquent, incessamment chassés vers le bord plantaire. Si la sole croît, au contraire, en épaisseur, c'est parce qu'elle reçoit ses éléments de nouvelle formation à sa surface interne, et que ceux-ci sont constamment poussés vers la face opposée. Nous n'essayerons même pas de prouver notre assertion; elle énonce presque une ingénuité ou tout au moins une de ces vérités si évidentes qu'il serait puéril, et souvent même fort difficile d'en entreprendre la démonstration.

Nous reviendrons plus loin sur l'explication qu'il nous semble convenable de donner de la manière dont se produit l'usure des différentes espèces de cornes.

*Corpuscules pigmentaires.* — I. — La corne noire doit sa coloration non-seulement dans le sabot de nos animaux domestiques, mais encore dans les autres productions cornées que nous avons examinées, à la présence de corpuscules pigmentaires disséminés parmi les lamelles épithéliales.

Dans le sabot du cheval, on les retrouve seulement au milieu des lamelles de la substance intertubulaire. Les couches concentriques des parois des tubes ne sont que très rarement, et, pour ainsi dire, par exception, parsemées de quelques corpuscules de pigment.

Dans les cornes fortement colorées, ces corpuscules sont tellement nombreux qu'ils semblent pressés les uns contre les autres. Il convient alors, pour bien les observer, de se servir de lames très minces de corne. (Voyez fig. 7 et 9.)

Les caractères qu'ils présentent ne diffèrent point de ceux des corpuscules pigmentaires de l'épiderme cutané, avec lesquels je les ai étudiés comparativement.

Quelquefois globuleux, le plus souvent comprimés comme les lamelles épithéliales, ces corpuscules, de cinq millièmes à un centième de millimètre de diamètre, affectent des formes très variées, très irrégulières, et n'ont jamais des contours bien nets. On en rencontre même qui sont hérissés à leur surface par des prolongements, comme un aimant qu'on aurait plongé dans de la limaille de fer. (Voyez fig. 1.)

Ils manquent presque tous de noyau, et se montrent fort réfractaires à l'action dissolvante des divers réactifs employés pour les analyses microscopiques.

Ces corpuscules ne sont point des cellules creuses contenant dans leur intérieur la matière colorante à l'état de dissolution. Tout, dans leur aspect et dans la manière dont ils se comportent avec les dissolvants acides ou alcalins, concourt à les faire regarder comme des amas de granules pigmentaires solides, enveloppés par une membrane extérieure, et souvent même déposés à la surface externe de cette membrane, où ils forment les espèces de prolongements dont nous venons de parler.

II.— Personne avant nous n'avait songé à rattacher d'une manière aussi catégorique la coloration du tissu corné à la présence de corpuscules pigmentaires déposés dans son intérieur.

Hesse (*De ungularum structurâ, etc.*, Berlin. 1839) parle vaguement du *pigment* ou de sels calcaires, qu'il assure être renfermés *dans les tubes cornés*. Trompé par la grande opacité de la substance blanche intertubulaire, il l'a prise, comme on le voit, pour du pigment.

Henle (*Anatomie générale*, traduction de Jourdan. Paris 1843) ne dit rien de la matière colorante de la corne chez nos animaux domestiques. Il attribue la coloration de la face des papions (singes cynocéphales) et des pattes et du bec d'un grand nombre d'oiseaux à une matière colorante contenue, à l'état de dissolution, dans des cellules. Il oublie d'indiquer les caractères et la situation de ces cellules.

Gurlt (*loc. cit.*) avait entrevu l'élément colorant de la corne du sabot du cheval. D'après lui, la substance intertubulaire, qu'il regarde, du reste, comme une matière amorphe, est parsemée de *corpuscules punctiformes*, mais il ne songe point à attribuer à ces corpuscules le rôle de pigments colorants.

Numann (*loc. cit.*) entraîné par ses idées sur la nature de la corne (1), rattache sa coloration, dans les appendices frontaux du bœuf, à la faculté que possède la peau de produire des poils d'une nuance plutôt que d'une autre. Si les poils sont blancs, foncés, noirs ou mélangés, la corne prendra des teintes analogues.

---

(1) Il regarde la sécrétion de la corne du sabot et celle des appendices frontaux comme tout à fait identiques. — Le tissu feuilleté et la membrane qui revêt la cheville osseuse sécrète la corne interne ; la peau du bourrelet ou la peau de la base des cornes sécrète les *poils* agglutinés qui constituent les couches externes de l'enveloppe cornée. — Nous démontrerons plus loin le peu de fondement de ces diverses idées.

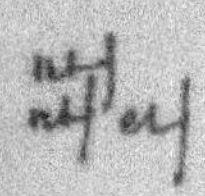

M. Harting, qui a étudié pour ce dernier auteur l'anatomie microscopique des cornes frontales et qui s'est acquitté de sa tâche avec la plus grande sagacité, semble loin de partager la manière de voir de M. Numann.

Selon lui, *dans les cornes colorées, les cellules renferment la matière colorante sous forme de très petites molécules noires ou brunes, qui prennent la place occupée antérieurement par le noyau.* Il est facile de reconnaître nos corpuscules pigmentaires dans les petites molécules dont parle M. Harting.

*Matière amorphe.* — C'est elle qui constitue la substance intratubulaire dont nous avons déjà exposé les principaux caractères. Nous n'y reviendrons que pour indiquer quelques particularités qui tiennent à ses propriétés chimiques.

I. — Quand on fait agir la potasse caustique sur une lame de corne blanche (contenant, par conséquent, beaucoup de matière amorphe) placée entre deux lames de verre, et soumise à l'inspection microscopique, on voit d'abord cette matière se dissoudre très rapidement; puis, au bout de quelque emps, on constate la présence de petits cristaux qui se sont développés dans la liqueur, souvent même en quantité considérable. Nous en avons représenté quelques-uns, figure 2.

Ces cristaux sont, pour la plupart, de petites lamelles hexagonales dont les dimensions varient beaucoup, et qui présentent tous les caractères extérieurs des cristaux de cystine; aussi les ai-je regardés tout d'abord comme formés de cette substance. Je ne crois pas, néanmoins, qu'il soit possible de les assimiler aux cristaux de cystine pure, et je me base, pour penser ainsi, sur la difficulté que j'ai toujours éprouvée à les redissoudre dans un excès de potasse caustique. Très souvent même, il m'a été impossible d'arriver à ce résultat.

Du reste, je me garderai bien de me prononcer sur la nature de ces cristaux, que j'avouerai avoir peu étudiés. Je me contenterai de les signaler à l'attention des chimistes micrographes, dont les mains, plus exercées que les miennes à manier les réactifs, pourront aider à trouver la solution du problème.

II. — Ces cristaux proviennent de la matière blanche amorphe de la corne, et non pas des cellules épithéliales, qui sont aussi, on se le rappelle, attaquées par la potasse caustique. Je suis parvenu à établir ma conviction à cet égard en faisant agir cet alcali sur des lames de corne noire coupées dans l'épaisseur de la paroi, très près de la cavité cutigérale, là où les tubes cornés, engaînant les papilles du bourrelet, ne renferment point de substance intratubulaire. J'ai pu obtenir de cette manière des portions de corne qui ne contenaient que peu ou point de la matière amorphe, et qui ne donnaient pas de cristaux après leur complète dissolution dans la potasse.

III. — Les caractères physiques et chimiques de la matière amorphe de la corne l'éloignent tout à fait des véritables éléments organisés (comme la substance amorphe du cartilage), et la rapprochent au contraire des principes immédiats sans organisation, tels que l'urée, la créatine, etc. — Sa composition, néanmoins, n'est pas aussi simple que celle de ces dernières substances. On retrouve bien évidemment, au nombre de ses parties constituantes, les sels terreux que l'analyse chimique démontre dans la corne du sabot de tous les animaux ongulés.

IV. — Nous terminerons l'histoire de cet élément de la corne en insistant sur une de ses propriétés dont la connaissance nous permettra d'expliquer pourquoi la paroi s'use en donnant des fibres, et pourquoi la sole se détruit en produisant des débris écailleux.

La membrane kératogène est le siége d'exhalations séreuses (1) qui pénètrent la corne du sabot et l'entretiennent dans un état d'humidité convenable. L'influence de cette humidité se fait surtout sentir sur la matière amorphe, à laquelle elle communique une certaine force de cohésion. A mesure que la corne s'éloigne des tissus vifs, la matière amorphe perd de sa ténacité en perdant son humidité, et elle arrive même à devenir tout à fait friable dans les parties du sabot soumises à l'usure, comme le bord plantaire de la muraille et la face inférieure de la sole.

C'est à cette facile destructibilité de la matière amorphe qu'il faut attribuer la formation des débris que produit la corne en s'usant.

Si ces débris sont écailleux dans la sole, c'est que la matière amorphe s'y trouve en quantité considérable, renfermée non seulement à l'intérieur des tubes et dans l'épaisseur de leurs parois, mais interposée

---

(1) Voir le *Traité du pied*, de M. H. Bouley, qui en a fait le sujet d'un remarquable article.

encore aux lamelles épithéliales de la corne intertubulaire qu'elle sépare, en se détruisant, *par couches superposées*.

Dans la paroi, au contraire, la matière amorphe se trouve presque exclusivement confinée dans le canal intérieur des tubes. Il en résulte que, sous l'influence des chocs et des frottements, la corne du bord plantaire de la muraille se fendille *sur le trajet même des tubes et devient fibreuse*. Chaque fibre de corne ne représente donc point, comme on l'a cru jusqu'à présent, un tube corné séparé des tubes voisins par la destruction de la substance intertubulaire. Les lamelles épithéliales qui composent cette substance, lorsqu'elles ne sont point entremêlées de matière amorphe, sont agglutinées ensemble d'une manière tellement solide, qu'il est extrêmement difficile d'obtenir leur désunion sans l'aide d'aucun réactif.

### NATURE ET MODE DE SÉCRÉTION DE LA CORNE.

I. — La corne du sabot et des ongles, les poils et même les dents sont considérés comme des dépendances de l'épiderme. Cette opinion, vieille comme la science anatomique elle-même, ne trouve plus aujourd'hui un seul contradicteur. Et, en effet, ces diverses productions, étant toutes en rapport de continuité avec la couche superficielle du système tégumentaire, présentent en outre, dans leur organisation comparée à celle de cette membrane, des analogies si frappantes, qu'elles n'ont pu échapper à personne. Cependant il s'en faut de beaucoup que leurs caractères individuels les rapprochent toutes au même degré de l'épiderme. A cet égard, il existe entre elles des différences assez marquées que nous allons essayer de faire ressortir dans un bref parallèle qui embrassera 1° la disposition de leur surface sécrétante, 2° leur structure, 3° leur composition chimique. Cette étude comparative nous permettra d'assigner au tissu corné sa véritable nature.

II. — *Disposition de la surface sécrétante.* — Nous examinerons d'abord celle qui donne naissance à l'épiderme cutané, parce que cette membrane forme le type de toutes les productions épidermoïdes.

(A.) — L'épiderme est déposé à la surface externe du derme, surface que l'on pourrait croire, au premier aspect, parfaitement lisse. Il n'en est rien cependant; elle se trouve hérissée, dans toute son étendue, d'une multitude de prolongements variables dans leur forme, mais le plus généralement coniques. Ce sont les papilles, organes doués d'une exquise sensibilité et visibles seulement au microscope sur la presque totalité du corps ; il n'est possible de les distinguer à l'œil nu que dans certaines régions privilégiées, comme les lèvres. Le porc lui-même, qui semble avoir la sensibilité du tégument cutané tout à fait obtuse, est aussi bien pourvu, sous ce rapport, que les autres mammifères domestiques. Il suffit, pour s'en convaincre, de prendre un morceau de la peau de cet animal, en voie de putréfaction, de séparer l'épiderme du derme, et d'examiner avec une loupe fortement grossissante les surfaces de contact sur l'une et sur l'autre membrane. Du côté du derme, on aperçoit, dans les intervalles des trous qui représentent les orifices des follicules pileux, une grande quantité de saillies coniques, souvent très proéminentes; et du côté de l'épiderme se remarquent, entre les racines des poils arrachés avec lui, une multitude de petites cavités aréolaires dans lesquelles s'engageaient les papilles dermiques.

(B.) — L'appareil préposé à la sécrétion de la corne onguéale est constitué par la partie du derme qui enveloppe l'extrémité inférieure des membres. Or, toutes les régions de ce tégument sous-ongulé ne concourent point dans des proportions égales à la production du sabot; l'une d'elles, le tissu podophylleux, sécrète uniquement les lames kéraphylleuses qui s'engrènent avec les siennes propres, et sert à établir, au moyen des points de contact multipliés qui en résultent, l'union si intime et si essentielle de la face interne de la paroi avec les tissus sous-jacents. La véritable matrice de l'ongle est donc formée seulement par le sillon périoplique, le bourrelet et le tissu velouté, comme l'ont démontré les expériences de MM. Renault et H. Bouley; et c'est la surface externe seule de ces différentes parties que nous devons comparer à celle du derme cutané. Qu'y remarquons-nous? Les mêmes prolongements papillaires qui ont fixé notre attention plus haut. Seulement, ils se distinguent ici par leur énorme développement et leur grande vascularité.

(C.) — Les poils et les dents sont produits dans l'intérieur d'une cavité, le follicule, présentant à son fond un renflement ou bulbe plus ou moins marqué qui en constitue la partie essentielle. C'est, en effet, à la surface externe de ce renflement que sont déposés les éléments du poil ou de la dent, et sa destruction empêche nécessairement la reproduction de ces deux organes inertes. Le follicule communique avec la surface externe des téguments par un orifice qui livre passage à la dent ou au poil développé dans son intérieur. Aussi l'a-t-on considéré comme une simple dépression du derme, dont le fond seul se trouve chargé du rôle d'appareil de sécrétion (1). Cependant il se distinguera toujours par cette remarquable particularité, tout à fait caractéristique selon nous, qu'à une certaine période il forme une cavité close de toutes parts, sans communication avec la surface libre du système tégumentaire.

III. — *Structure*. — (A.) L'épiderme se compose de deux couches très faciles à séparer l'une de l'autre et du derme sous-jacent, quand on opère sur des lambeaux de peau qui ont subi un commencement de putréfaction. La couche profonde constitue le *corps muqueux*, et la couche superficielle, l'*épiderme* proprement dit. Toutes deux sont formées par des cellules d'épithélium pavimenteux, polyédriques, arrondies ou simplement à l'état de noyaux dans le corps muqueux, plus ou moins aplaties dans l'épiderme proprement dit, et même tout à fait transformées en écailles près de sa surface

---

(1) Il va sans dire que nous considérons ici le follicule d'une dent ou d'un poil parfaitement développé et qui n'a plus qu'à s'accroître. Il ne s'agit donc, pour la dent, que de la matrice qui engendre la substance éburnée.

libre. A cet élément principal s'ajoutent, dans les peaux colorées, des corpuscules pigmentaires si abondants quelquefois, qu'ils convertissent l'épiderme tout entier en une couche d'un beau noir. C'est ce que l'on peut remarquer sur les chevaux dont la peau est très foncée en couleur, en choisissant de préférence celle qui revêt le pourtour interne de l'orifice des naseaux (1).

—(B.) Quant à la structure fondamentale de la corne, elle répète exactement celle de l'épiderme ; on a pu s'en convaincre en lisant la description que nous en avons donnée. Ce sont bien les mêmes lamelles d'épithélium pavimenteux et les mêmes corpuscules pigmentaires qui entrent dans la composition des deux substances. Ajoutons que la corne du sabot a aussi son corps muqueux, composé, comme celui de l'épiderme, des éléments cornés en voie de formation. Cette couche profonde, qui n'a pas encore été signalée, que nous sachions du moins, en anatomie vétérinaire, a souvent un millimètre d'épaisseur. On peut la mettre en évidence sur un sabot détaché des tissus sous-jacents par macération et soumis pendant

---

(1) On admet généralement, chez l'homme, que le pigment de la peau se trouve disséminé dans le corps muqueux seulement ; s'il en était ainsi, nous ne comprendrions pas comment le corps muqueux, devenant à son tour lame superficielle de l'épiderme, n'entraînerait pas avec lui les corpuscules pigmentaires qui sont déposés parmi les cellules épithéliales. M. Gunther (*Allgemeine physiolog.*, 1845, extrait de Béclard, 3e édition) est le seul, à notre connaissance, qui soit revenu de cette opinion. Ses observations, très bien faites, l'ont amené à reconnaître l'existence du pigment dans toute l'épaisseur de l'épiderme. D'après lui, si on ne le retrouve plus dans les couches superficielles, c'est parce que les corpuscules se sont effacés par la disparition progressive de la matière colorante.

quelques jours à une dessication lente. Le corps muqueux de l'ongle s'enlève alors avec la plus grande facilité, dans la cavité cutigérale comme sur la face interne de la sole, et se montre criblé d'ouvertures qui livrent passage aux papilles. Nous avons pu constater, et nous insistons sur ce point, que du pourtour de ces orifices partent des gaînes qui pénètrent dans les tubes cornés, et accompagnent ainsi, jusqu'à une certaine profondeur, les villo-papilles qui s'y engagent.

(c.) — Dans les poils et dans les dents, on ne distingue plus de corps muqueux proprement dit; il n'est plus possible, en effet, d'établir une ligne de démarcation tranchée entre les éléments nouvellement sécrétés et ceux de formation ancienne. La transition s'opère des uns aux autres d'une manière insensible. Les premiers sont bien, il est vrai, des noyaux arrondis ou même des cellules complètes, quand on les examine près de la surface du bulbe sécréteur; mais, en s'éloignant de celui-ci, ils perdent leurs caractères, s'allongent peu à peu et se transforment bientôt en véritables fibres qui forment la substance corticale du poil ou l'ivoire dentaire. Les fibres éburnées interceptent entre elles des canaux tout à fait vides, et ne sont jamais colorées; celles du poil circonscrivent un espace central occupé par des corpuscules arrondis, des gouttelettes graisseuses, des bulles d'air et du pigment colorant; mais ce dernier, quoi qu'on en ait dit jusqu'à présent, ne semble pas exercer la moindre influence sur la coloration du poil; celle-ci est due à une matière particulière fixée sur les fibres de la substance corticale.

IV. — *Composition chimique.* — Les matériaux nous ont manqué pour comparer les productions épidermiques au point de vue de leur composition chimique; ceux qui sont épars dans les traités et les journaux de chimie sont tout à fait insuffisants, et ne nous ont point permis de rendre cette partie de notre parallèle aussi significative que nous l'aurions désiré. Nous dirons seulement que l'épiderme, la corne et le poil semblent avoir pour base la même matière animale, de l'albumine modifiée très probablement; que la quantité de soufre contenue dans les poils est considérable, et qu'ils donnent à l'analyse, en plus que l'épiderme et la corne, une substance grasse abondante. Quant à la matière animale des dents, elle se rapproche plus de la gélatine que de l'albumine, et s'imprègne, comme on le sait, d'une énorme quantité de phosphate et de fluorure calciques.

V. — Nous bornons là notre étude comparative des tissus épidermoïdes, et nous nous demandons quel enseignement nous sommes en droit d'en tirer, en ce qui regarde la nature du système corné; ce système rappelle-t-il l'organisation du poil ou celle de l'épiderme? La réponse ne saurait être douteuse; évidemment la corne se rapproche de l'enveloppe épidermique, et se place, au contraire, à une énorme distance du système pileux, qui forme avec les dents une catégorie à part. Nous croyons même qu'il ne suffit pas d'opérer un simple rapprochement entre les deux substances; les faits parlent assez haut pour qu'on soit forcé de reconnaître et de proclamer leur parfaite identité.

Ainsi donc, pour nous, la corne est non seulement

une dépendance de l'épiderme, *c'est l'épiderme lui-même*, à peine modifié. Quels arguments pourrait-on faire valoir contre cette assimilation? N'est-elle pas justifiée par l'observation la plus rigoureuse? Objectera-t-on la grande vascularité du derme sous-ongulé, à laquelle participe l'os du pied lui-même, et l'énorme développement des villo-papilles? Mais ces modifications organiques ne sont-elles pas commandées par l'abondance et l'activité de la sécrétion kératogène? Et en dehors de cette légère différence, si facile à expliquer du reste, tout n'est-il pas identique entre la corne et l'épiderme, surface sécrétante, structure et composition chimique?

Cette opinion, déjà très ancienne, vient à l'encontre des idées généralement admises aujourd'hui sur la nature de la corne du sabot. On s'accorde, en effet, à la regarder comme formée de poils agglutinés, c'est-à-dire qu'on en fait un produit de sécrétion encore plus éloigné de l'épiderme que les poils eux-mêmes. Et ce ne sont pas seulement les auteurs vétérinaires qui partagent cette manière de voir; les médecins anatomistes, unanimes actuellement pour attribuer à l'ongle de l'homme la même organisation qu'à l'épiderme cutané, tombent dans l'erreur générale quand ils parlent de la corne des sabots; ainsi, pour n'en citer qu'un exemple, M. Jules Béclard (1) regarde l'ongle de l'homme comme « constitué par des lamelles peu régulières et superposées; ces » lamelles sont tellement unies vers les parties superficielles, qu'il devient à peu près impossible de les » distinguer. Ces lamelles superposées et intimement

(1) Béclard, *Éléments d'anatomie générale*, Paris, 1852.

» unies de l'ongle sont le produit de l'aplatissement et » de la transformation cornée, dès le moment de leur » apparition, des *cellules épidermiques* qui se forment » dans la *matrice dermique* et sur le *derme sous-onguéal.* » Quant au « sabot du cheval, qui est un ongle véritable » enveloppant la dernière phalange du pied, il présente » dans sa structure intime une *analogie frappante avec* » *celle des poils.* Le sabot forme, en quelque sorte, une » transition entre les poils et les ongles, et montre » comment ces diverses dépendances de la peau, qui » ont, d'ailleurs, tant d'analogie entre elles, peuvent » se transformer insensiblement les unes dans les » autres. »

Ainsi, M. Jules Béclard considère aussi la corne des sabots, chez lès animaux ongulés, comme un amas de poils agglutinés. Il faut vraiment que cette idée soit bien fortement enracinée dans les esprits, puisqu'elle a pu conduire à reconnaître deux structures différentes à la même substance. Et, en effet, toutes les productions rangées dans le système corné, qu'elles s'appellent griffes, cornes frontales, sabots, châtaigne, etc., toutes, sans exception, ne sont-elles pas formées de la même substance et des mêmes éléments anatomiques que l'ongle de l'homme? La corne, pour envelopper l'extrémité inférieure des membres d'un cheval, en est-elle moins de la corne? Si elle diffère de celle qui compose l'ongle humain, n'est-ce pas seulement par l'arrangement intérieur de ses principaux éléments, arrangement qui produit des tubes dont nous donnerons tout à l'heure la raison d'être et la signification? Ce sont ces tubes que l'on a voulu assimiler à des poils, sur le simple vu de leurs caractères extérieurs. Cette erreur n'eût pas été commise si l'on eût connu la véritable composition des parois de ces tubes cornés, qui, nous le répétons, ne contiennent rien autre que les matériaux de l'épiderme lui-même.

VI. — La nature de la corne étant une fois bien déterminée, nous n'avons pas besoin d'insister beaucoup sur son mode de formation, qui rappelle exactement celui de l'épiderme ; ainsi, la matrice onguéale représente une surface sécrétante dont l'étendue se trouve singulièrement augmentée par les villo-papilles. Cette surface, comme celle du derme cutané, fonctionne dans *tous ses points*, mais non pas d'une manière uniforme; car les lamelles épithéliales sont sécrétées dans toute son étendue, excepté vers l'extrémité libre des villosités qui est réservée à la production de la substance intratubulaire, et les corpuscules pigmentaires prennent naissance, à la base seulement de ces mêmes villosités, dans les intervalles qui les séparent les unes des autres.

Il est facile de prouver que les choses se passent bien comme nous venons de le dire; prenons, par exemple, les lamelles cornées qui, nous le répéterons, appartiennent à l'épithélium pavimenteux, et faisons remarquer tout d'abord qu'il est dans la nature des épithéliums de cette catégorie de s'aplatir constamment et de se stratifier en couches parallèles à la surface qui leur a donné naissance; or, dans les parois des tubes, les lamelles sont appliquées à plat autour de leur canal intérieur, c'est-à-dire qu'elles sont parallèles à la surface des villosités engagées dans ces tubes; c'est donc sur cette surface qu'elles ont été déposées. Quant aux lamelles de la substance intertubulaire, ne sont-elles pas perpendiculaires aux précédentes, c'est-à-dire précisément parallèles à la surface dermique qui sépare les villosités à la base, et n'en doit-on pas conclure que leur sécrétion s'est effectuée en cet endroit?

On voit donc que l'extrémité libre des villosités est seule privée de la faculté de sécréter la matière cornée proprement dite; mais elle ne reste cependant pas inactive, puisqu'elle constitue la seule voie par laquelle la substance intratubulaire a pu s'échapper; or, c'est à cette particularité qu'est due justement la texture tubuleuse de la corne. Si la villosité eût possédé à son extrémité les mêmes propriétés sécrétoires que dans le reste de son étendue, le tube corné n'eût pas existé, et la corne du sabot eût perdu ainsi l'un des attributs les plus essentiels de son organisation; c'est, en effet, grâce aux canaux qui la parcourent qu'elle peut, malgré son épaisseur, être pénétrée par les exhalations séreuses qui ont leur siège dans la membrane sous-ongulée (M. H. Bouley).

Si nous passons maintenant aux corpuscules pigmentaires, nous voyons qu'ils se trouvent presque exclusivement disséminés dans la substance intertubulaire; ils n'ont donc pu conséquemment être sécrétés que par la surface sur laquelle se sont déposées les lamelles cornées qui forment la base de cette substance.

Tel est, en résumé, le mode de formation des éléments de la boîte cornée. S'il présente une physionomie toute spéciale, c'est à l'énorme développement des papilles sous-ongulées qu'il la doit. Privée de ces prolongements vasculo-nerveux et réduite ainsi des $^{9}/_{10}$ au moins de son étendue, la matrice onguéale eût fonctionné tout à fait comme la surface externe du derme cutané; mais elle n'eût pu fournir alors une sécrétion assez abondante pour former le sabot. De plus, celui-ci eût perdu sa texture tubuleuse, qui fait de la corne un immense faisceau de cylindres creux, disposition à laquelle elle emprunte la plus grande partie de sa force de résistance et de son élasticité.

Cependant la participation des papilles à l'acte de la sécrétion kératogène n'est pas reconnue par tout le monde. Ainsi, M. H. Bouley leur dénie toute espèce de rôle actif, et les regarde comme de simples moules sur lesquels se coule et se modèle la matière concrescible sécrétée à leur base. Avons-nous besoin de faire remarquer que, si les villosités étaient simplement des moules, les tubes cornés n'auraient pas de parois propres formées de couches concentriques, et que, dans les cornes colorées, le pigment devrait occuper toute l'épaisseur de la corne, au lieu d'être confiné dans la substance intertubulaire ?

Parmi les arguments que M. H. Bouley a rassemblés pour justifier sa manière de voir, il en est un surtout que nous devons nous attacher à combattre, parce qu'il porte à notre système un coup vraiment décisif. « Dé-
» truisez, dit M. H. Bouley, par l'incision, par le feu
» ou par les caustiques, les processus nerveux qui s'é-
» lèvent à la surface du bourrelèt et du tissu velouté,
» et au bout de quelques jours, lorsque la lésion trau-
» matique faite aux tissus sécréteurs aura été réparée,
» vous verrez la sécrétion cornée s'effectuer aussi régu-

» lièrement qu'avant l'expérience. Allez plus loin : ne
» bornez pas la destruction à la superficie de la mem-
» brane qui sert de base aux papilles sous-ongulées;
» entamez dans l'épaisseur de son tissu, et la sécrétion
» cornée se rétablira encore à sa surface, lorsque le tra-
» vail des granulations aura comblé le vide fait par
» l'instrument tranchant.

» N'est-ce pas là une preuve évidente que la pro-
» priété sécrétoire de la membrane sous-ongulée ne
» dépend pas exclusivement et essentiellement des pro-
» cessus de sa surface, etc. ?»

Les faits rapportés par M. H. Bouley sont positifs; nous en avons été témoins assez souvent pour ne conserver aucun doute à cet égard. Mais ils perdent leur valeur dans le cas présent, quand on les rapproche d'un autre fait non moins bien établi et non moins concluant. Ce fait, proclamé par M. H. Bouley lui-même dans ses leçons de clinique si savantes et si fructueuses, c'est la reproduction des parties enlevées par l'instrument tranchant sur la membrane kératogène. L'autopsie des animaux, opérés comme il vient d'être dit plus haut, démontre, en effet, de la manière la plus parfaite, que les villo-papilles se sont reformées avec tous leurs caractères d'organisation.

## RÔLE DU SYSTÈME NERVEUX.

I. — Il nous reste à examiner le rôle du système nerveux dans l'acte de la sécrétion de la corne. C'est une question délicate et d'un intérêt tout pratique, parce qu'elle se lie d'une manière étroite à l'étude des résultats de la névrotomie plantaire. Nous ne voulons pas cependant la resserrer dans les limites restreintes d'un fait chirurgical ; nous l'envisagerons d'une manière beaucoup plus large, en nous plaçant au point de vue de la physiologie générale.

Nous ne nous arrêterons pas à discuter les idées spéculatives qui ont été émises à diverses époques sur ce point important de la dynamique du système nerveux. Il vaut mieux, croyons-nous, rester dans le domaine des faits purement pratiques, et nous éclairer des lumières fournies par l'expérimentation.

Le problème qui consiste à *déterminer l'influence du système nerveux sur les propriétés nutritives et sécrétoires de la membrane kératogène* se réduit donc, pour nous, à l'étude des effets produits dans le pied par la résection, avec perte de substance, de *tous* les nerfs qui vont s'y distribuer. Si, après cette excision, les actions végétatives continuent à s'effectuer régulièrement dans le tégument sous-ongulé, nous serons en droit de conclure que le système nerveux n'exerce sur elles aucune influence. Si, au contraire, elles sont anéanties, nous reconnaîtrons qu'elles dépendent entièrement de l'appareil de l'innervation. Si elles sont simplement ralenties ou modifiées, nous admettrons que les phénomènes auxquels elles donnent lieu, bien qu'indépendants des nerfs, sont cependant influencés plus ou moins directement par ceux-ci, et nous aurons à rechercher la nature et les causes de cette influence.

Ayant ainsi posé le problème à résoudre, attachons-nous, sans plus tarder, à en poursuivre la solution.

II. — Et d'abord, quels sont les nerfs qui se terminent dans l'extrémité digitale de nos animaux solipèdes? A peine avons-nous besoin de mentionner les deux nerfs plantaires, dont les ramifications vont se perdre non seulement dans la membrane tégumentaire sous-ongulée, mais encore dans les parties dures ou molles qui forment le noyau central du pied du cheval.

On signale encore des filets ganglionnaires très-déliés, enlaçant les artères digitales et pénétrant avec elles dans tous les tissus sous-cornés. Mais l'existence de ces filets est-elle bien démontrée? Nous avons dû chercher à nous éclairer sur ce point, et nous nous sommes livrés dans ce but aux dissections les plus minutieuses. Nous allons en exposer brièvement les résultats.

Dans le membre antérieur, il existe bien réellement sur l'artère plantaire superficielle un ou deux filets nerveux très minces et très longs qui descendent, en se ramifiant dans les parois du vaisseau, jusque sur les artères digitales. On ne tarde pas à les perdre de vue, et il est impossible de les suivre, à l'œil nu, à l'intérieur de la boîte cornée. De quelle source proviennent ces cordons nerveux? Sont-ce des nerfs ganglionnaires émanés du grand sympathique, comme on l'admet généralement en anatomie vétérinaire? Non; car, en les suivant du côté de leur origine, nous les avons vus se réunir au nerf radio-plantaire à peu près vers le tiers inférieur ou le milieu de l'avant-bras. Ces branches nerveuses artérielles appartiennent donc au système cérébro-spinal comme les nerfs plantaires eux-mêmes. Du reste, pour lever tous nos doutes sur l'existence de filets ganglionnaires dans les tuniques des artères digitales, nous avons disséqué aussi consciencieusement que possible les rameaux sympathiques qui émergent du ganglion cervical inférieur. Nous en avons vu quelques uns se porter sur le tronc brachial et s'épuiser entièrement dans les divisions collatérales qu'il fournit, mais jamais nous n'avons pu rencontrer le plus mince filet ganglionnaire sortant de la cavité thoracique pour s'accoler à l'artère humérale (1).

Dans le membre postérieur, un rameau très long, assez volumineux, signalé par M. Goubaux, accompagne l'artère plantaire superficielle, et envoie des divisions sur les artères digitales, où elles se comportent comme au membre antérieur. Ce rameau vient du petit sciatique. Ici encore, les nerfs ganglionnaires manquent; nous n'avons pu les trouver, malgré les soins que nous avons mis à nos recherches (2).

III. — Cette étude purement anatomique nous en-

---

(1) Peut-être objectera-t-on que les filets ganglionnaires des artères des membres sont assez minces pour échapper aux observateurs les plus attentifs. Nous répondrons d'abord qu'un filet nerveux, ne fût-il composé que de quelques fibres élémentaires, représente toujours un *organe matériel*, dont il est possible, par conséquent, de démontrer l'existence. Nous ferons remarquer ensuite que ces filets nerveux ont été *inventés* par les physiologistes qui placent toutes les actions nutritives et sécrétoires sous la dépendance du grand sympathique. Or, peut-on raisonablement admettre que des filets nerveux qui *président*, comme on dit, à *tous* les phénomènes nutritifs et sécrétoires d'un membre entier, sont assez délicats pour échapper à toutes les recherches?

(2) La dissection des filets nerveux qui rampent à la surface des artères des membres devient beaucoup plus facile quand ces vaisseaux ont été préalablement injectés avec du suif coloré en noir. Aussi recommanderons-nous aux personnes qui voudront contrôler nos observations de ne pas négliger cette opération préliminaire.

seigne, *à priori*, que le système nerveux de la vie organique reste complétement étranger aux phénomènes de nutrition et de sécrétion qui ont leur siége dans la matrice du sabot. Il nous reste à établir l'action des nerfs plantaires et celle des filets qui rampent sur les artères.

IV. — On sait depuis longtemps que la névrotomie plantaire ne détermine aucun trouble dans l'activité spéciale de la matrice onguéale. « Interrompez par une » résection, même considérable, la continuité des deux » nerfs plantaires avant leur première bifurcation, » c'est-à-dire au-dessus du boulet, et cette résection ne » mettra pas obstacle aux manifestations des actions » végétatives; les tissus entamés travailleront à leur » réparation avec autant d'activité, et les fonctions sécré- » toires des enveloppes kératogènes continueront à » s'effectuer aussi complètes et aussi rapides (1). »

Nous avons pratiqué souvent la névrotomie *complète* sur les deux nerfs plantaires dans un but expérimental, et toujours nous avons vu cette opération être suivie des résultats négatifs que nous venons d'annoncer. Ainsi, la pousse du sabot n'éprouve ni arrêt, ni ralentissement sensible, et les plaies produites par l'arrachement de lambeaux de corne, avec déchirure et meurtrissure des tissus vivants, se cicatrisent aussi facilement qu'avant l'opération.

La conclusion inévitable que l'on doit tirer de l'observation de ces faits, c'est que les nerfs plantaires ne

---

(1) H. Bouley, loc. cit.

participent en rien à l'acte de la sécrétion de la corne et à la nutrition des tissus vivants du pied.

Cependant cette conclusion n'est pas acceptée par tout le monde ; elle a été vivement attaquée à raison d'accidents graves qui sont survenus quelquefois à la suite de la névrotomie. Nous voulons parler des cas de gangrène avec chute de l'ongle, dont les annales vétérinaires ont enregistré de rares exemples. On s'est prévalu de ces accidents pour attribuer aux nerfs plantaires un rôle capital dans la sécrétion de l'ongle. On a soutenu que la membrane sous-ongulée devait à ces cordons nerveux ses propriétés nutritives et sécrétoires, sa *vie*, en un mot ; car, disait-on, si, en isolant les nerfs plantaires du centre cérébro-spinal, vous détruisez leur activité, vous anéantissez en même temps la *vie* dans les tissus où ils se distribuent ; la gangrène s'en empare, et la chute du sabot survient inévitablement. Si, continuent toujours les partisans du système que nous exposons, cet accident n'arrive pas dans toutes les circonstances, c'est grâce à la possibilité du rétablissement du courant nerveux à travers le tissu de cicatrice qui réunit les deux bouts du nerf réséqué.

Qu'y a-t-il de sérieux au fond de cette argumentation ? Rien, ou peu de chose.

Disons d'abord que le courant nerveux ne se rétablit jamais dans les cordons séparés de leur tronc, lorsqu'on a pris soin d'exciser une portion assez considérable de leur substance (trois ou quatre centimètres environ). Toutes nos expériences personnelles ont été faites dans cette condition, et nous avons pu, longtemps après l'opération, pincer, couper, brûler la peau du bourrelet, enlever même des morceaux de corne, sans éveiller, chez nos patients, le moindre indice de sensibilité. Ceci prouve incontestablement qu'il n'y a pas eu rétablissement du courant nerveux après la cicatrisation des nerfs.

D'un autre côté, on s'explique aisément, sans invoquer la mort des tissus par défaut d'influence nerveuse, les cas de gangrène avec chute du sabot. La véritable cause de ces accidents était déjà connue des vétérinaires anglais. M. H. Bouley s'est chargé de l'exposer avec son talent accoutumé (1). Nous le laisserons parler lui-même, craignant d'affaiblir, par une froide analyse, le style énergiquement pittoresque de notre savant maître : « Qu'arrive-t-il alors (après la névrotomie » plantaire complète)? C'est que l'animal, dont les extré- » mités digitales sont ainsi destituées de la propriété » de sentir, ne sait plus proportionner l'énergie des » percussions de son pied sur le sol à la force de rési- » stance des parties qui le constituent, d'une part, » parce qu'il n'a plus aussi exactement conscience de » la distance qui sépare son pied levé du terrain sur » lequel il doit être posé, et, d'autre part, parce qu'il » n'est plus prévenu par la sensation de l'intensité de » la *percussion*. Le sabot est alors à l'extrémité des » rayons osseux comme une sorte de masse inerte, in- » dépendante du système sensible, que l'animal lance » dans l'espace et heurte contre les corps qui recouvrent » le sol, sans prévoyance de ce qui peut arriver, sans » conscience de ce qui est..... Et telle peut être, dans

(1) Loc. cit.

» ces conditions, la conséquence de percussions *non* » *calculées* et non mesurées du sabot sur le terrain, » qu'il n'est pas absolument rare de voir, à la suite » d'allures précipitées et prolongées, les chevaux névro- » tomisés perdre dans leurs litières leurs sabots désunis » des parties vives ramollies et flétries par la gangrène.

« La preuve qu'il y a nécessité de l'intervention de » percussions sans mesure pour que les accidents » gangréneux se manifestent, c'est qu'on ne les voit » le plus souvent survenir que sur les chevaux em- » ployés aux allures rapides, et que les animaux uti- » lisés exclusivement au pas, après l'opération, en » sont ordinairement exempts. »

Nous compléterons cette citation par la suivante, empruntée au même auteur :

« Si donc la gangrène que l'on observe quelque- » fois après la névrotomie peut être rattachée à cette » opération, ce n'est que d'une manière indirecte ; » cette gangrène survient, en effet, non pas par défaut » d'une influence nécessaire à l'entretien des actions » végétatives, mais faute de la sensibilité, qui, comme » une gardienne vigilante, met les tissus sous la tutelle » des instincts conservateurs et s'oppose à ce qu'ils » soient exposés à des chocs trop violents et supérieurs » à leur force de résistance (1). »

Ainsi, il est clairement démontré que la vie s'entretient dans le derme kératogène et que la corne se sécrète à la surface de cette membrane sans la participation directe des nerfs plantaires. En est-il de même

---

(1) *Recueil de Médecine vétérinaire*, 1853, p. 170.

pour les filets nerveux qui accompagnent les artères de l'extrémité digitale ? C'est ce que nous allons examiner immédiatement.

V. — Il semblerait que ce point litigieux fût tout résolu, après ce que nous avons annoncé précédemment sur la terminaison de ces filets nerveux. Ils ne pénètrent pas dans les tissus vivants du pied, avons-nous dit, donc ils ne peuvent agir sur leurs propriétés vitales.

Mais est-il bien vrai que ces ramuscules nerveux ne suivent pas les artères digitales dans l'intérieur de la boîte cornée, et n'est-on pas en droit d'en douter si l'on veut bien tenir compte des faits que nous allons rapporter ? Ainsi, il arrive quelquefois qu'on n'éteint pas complètement la douleur chez des animaux névrotomisés pour une maladie ayant son siége bien constaté dans le sabot. D'autres fois, un pied rendu tout à fait insensible par l'opération deviendra douloureux si un travail inflammatoire amène par la suite de graves désordres dans les parties vives du pied. Comment expliquer, dans ces deux sortes de cas, la transmission des impressions douloureuses aux centres chargés de les percevoir ? Il est clair qu'elle n'a pu s'opérer que par l'intermédiaire des filets des parois artérielles. Il faut donc admettre, ou que ces filets se prolongent dans le sabot, ou que la cause déterminante de la douleur, la tuméfaction inflammatoire, par exemple, remonte hors de la boîte cornée pour aller au-devant de leurs extrémités terminales.

Jusqu'à plus ample informé, nous resterons rallié à

cette dernière opinion, qui nous semble la plus rationnelle. Donc, à notre sens, ce ne sont pas les ramuscules nerveux des artères plantaires superficielles qui descendent dans le pied pour y *chercher la douleur*, c'est la douleur, au contraire, ou plutôt la cause de la douleur qui va à la rencontre des branches nerveuses conductrices.

Cette conviction bien arrêtée dans notre esprit ne nous a pas empêché d'expérimenter sur ces branches nerveuses avec le même soin que nous aurions apporté si nous avions été persuadé qu'elles se distribuent dans les téguments sous-ongulés : c'était le moyen de prévenir toute espèce d'objection. Nous n'avons pas excisé directement ces nerfs qui se prêtent mal, à cause de leur petit volume, à des expériences de ce genre. Nous sommes arrivé plus sûrement et plus commodément à notre but en opérant sur les troncs mêmes qui les fournissent. Ces troncs sont, on se le rappelle, le cubito-plantaire dans le membre antérieur et le petit sciatique dans le postérieur. Le premier a été coupé avec le cubito-cutané en haut de l'avant-bras, le second en dehors de l'articulation fémoro-tibiale avant sa distribution dans les muscles jambiers antérieurs ; la résection du grand sciatique a été ensuite pratiquée dans le creux du jarret avant sa bifurcation terminale. De cette manière, nous avons interrompu toutes les communications que le pied antérieur ou postérieur entretient avec les centres nerveux, soit par les nerfs plantaires, soit au moyen des filets de l'artère plantaire superficielle, soit par l'entremise de ramuscules inconnus qui pourraient venir directement du cubito-cutané et du grand sciatique s'accoler aux branches ascendantes de l'artère plantaire profonde, et se porter ensuite sur ses branches descendantes, d'où ils gagneraient les artères digitales.

Il est inutile d'exposer en détail les résultats qui ont suivi nos expériences; il nous suffira d'annoncer, en deux mots, que cette névrotomie, aussi complète que possible, n'a nui en rien aux actions nutritives et sécrétoires du derme kératogène; elle est tout aussi innocente que la simple section des nerfs plantaires.

VI. — Nous croyons donc pouvoir penser, d'une manière absolue et sans trop de hardiesse, que la vitalité du derme sous-ongulé ne dépend nullement du système nerveux, et que la sécrétion de la corne s'effectue sans qu'il intervienne directement.

C'était, si nous avons bonne mémoire, l'opinion que professait M. H Bouley à l'époque où nous étions sur les bancs de l'école d'Alfort. Nous nous rappelons même que nous ne l'acceptions pas avec une entière confiance. Tout imbu des idées physiologiques mises en vogue par les vitalistes modernes, il nous répugnait d'admettre qu'une membrane pût posséder, par elle-même et sans l'assistance du système nerveux, la propriété de secréter et de se nourrir.

C'est pour nous éclairer à ce sujet que nous avons entrepris les recherches expérimentales dont nous venons de rendre compte, recherches qui nous ont précisément amené à une conclusion tout à fait opposée à celle que nous poursuivions. Nous avons dû alors réformer notre manière de voir et nous rallier à celle de M. H. Bouley.

Par contre, une légère révolution en sens inverse s'est opérée dans l'exprit de notre maître. En effet, après avoir proclamé (1) que la section complète des nerfs plantaires ne met en aucune façon obstacle à la manifestation des actions végétatives, il s'exprime dans les termes suivants : « Ces phénomènes de nutrition et » de sécrétion, dont la région digitée continue à être » le siége après la destruction des nerfs sensitifs, ne » peuvent s'expliquer qu'en admettant la présence, » dans les tuniques artérielles, de fibres grises ou orga- » niques qui communiquent aux tissus la force végéta- » tive, c'est-à-dire la puisssance d'affinité qui les rend » aptes à se combiner avec le fluide organisable.

» Les artères, dans cette hypothèse, seraient chargées » de transmettre aux tissus tout à la fois l'élément » matériel de leur composition et la force en vertu de » laquelle ils s'en emparent. »

Nous ne croyons pas, malgré ces lignes significatives, que l'opinion de M. H. Bouley soit entièrement modifiée. Effectivement, il n'arrive à les écrire qu'après avoir hésité d'une manière bien manifeste. On sent qu'il a voulu sacrifier au dieu physiologique du jour, à la *force nerveuse*, chargée du rôle des propriétés vitales de Bichat et du principe vital d'autrefois (2).

---

(1) *Traité de l'organisation du pied du cheval.*

(2) Les ouvrages de Bichat, son *Anatomie générale* surtout, sont généralement peu lus aujourd'hui. Aussi pourra-t-on s'étonner de nous voir distinguer la force nerveuse des propriétés vitales du grand physiologiste. En effet, on est habitué maintenant à considérer la sensibilité et la contractilité comme deux attributions du système de l'innervation, comme deux formes différentes de la force nerveuse.

VII.—Nous demanderons maintenant à tous les hommes de bonne foi s'il n'est pas permis d'étendre nos conclusions à tous les phénomènes nutritifs et sécrètoires sans exception, c'est-à-dire de nier l'influence directe des nerfs, quels qu'ils soient, sur la manifestation de ces phénomènes.

Cette doctrine, patronée par l'illustre chef de l'école physiologique allemande, a été bien accueillie de l'autre côté du Rhin; mais elle n'a pu encore prendre racine en France, où l'on regarde généralement la force nerveuse comme l'agent déterminant de l'activité vitale.

Nous nous réservons la faculté de traiter à fond, dans un autre travail, la question de savoir de quel côté se trouve la vérité. Nous nous bornerons ici à faire notre profession de foi sur cet important sujet, et nous la formulons dans trois propositions que nous allons successivement exposer avec les principales preuves à l'appui.

---

Mais ceux qui sont familiarisés avec les travaux du créateur des propriétés vitales, savent bien qu'il ne les envisage pas de cette manière; il leur donne beaucoup plus d'importance, puisqu'il en fait deux espèces de forces analogues à la gravitation, à l'affinité chimique, etc.: « Le chaos, dit-il, n'était que la matière sans propriétés; pour créer » l'univers, Dieu la doua de gravité, d'élasticité, d'affinité, etc., et, » de plus, une portion eut en partage la sensibilité et la contractilité. » Bichat accorde même la sensibilité et la contractilité aux végétaux, êtres vivants qui n'ont pas de système nerveux; il est donc bien loin de regarder ces deux attributs de la matière organisée comme de simples propriétés du tissu nerveux. D'après lui, au contraire, les nerfs sont des agents qui « dépendent des propriétés vitales » et qui sont mis, en quelque sorte, au service de celles-ci.

VIII. — Première proposition. — *Les nerfs n'ont aucune influence directe sur la nutrition des organes.*

Les phénomènes de nutrition, peu connus dans leur essence et encore moins dans leurs causes, ont de tout temps exercé la sagacité des physiologistes, justement à cause du mystère qui enveloppe le travail intérieur dont ils sont le résultat, et parce que, d'un autre côté, ils constituent, à proprement parler, les actes intimes et essentiels de la vie. Avant Bichat, on avait songé déjà à les rapporter à l'action spéciale des nerfs; mais ce fut après lui seulement que cette idée prit quelque développement et fut érigée en véritable théorie.

La force nerveuse assimilatrice (1) fut d'abord exclusivement localisée dans le grand sympathique; les ganglions furent regardés comme les foyers où elle s'engendre, et les cordons ganglionnaires, comme les fils conducteurs chargés d'en transmettre les effets aux molécules des organes. Mais on fut obligé de modifier ce système quand on eût prouvé qu'un grand nombre de tissus, ceux des membres entre autres, ne reçoivent aucun filet du sympathique.

---

(1) Cette force nerveuse a été comparée, quant à sa manière d'agir (par quelques uns même, quant à sa nature) à l'électricité; ainsi, l'assimilation aux tissus animaux de la matière organisable du sang s'opèrerait, en présence de l'élément nerveux, par un procédé analogue à celui qu'on observe quand, au moyen d'une étincelle électrique, on produit dans un eudiomètre la combinaison de deux gaz. D'après cette théorie, un tissu complètement privé de ses nerfs sera traversé par le sang sans que celui-ci donne ou reprenne aucune molécule; autrement dit, le mouvement vital (composition et décomposition) sera définitivement arrêté dans ce tissu, qui ne devra pas tarder à être frappé de mort.

Ce fut alors qu'on chargea du rôle de conducteurs de la force nerveuse qui préside à la nutrition les *fibres grises, à simple contour*, découvertes par Rèmak dans les nerfs de la vie animale comme dans ceux de la vie organique. Ces fibres prenant leur origine, d'après l'auteur de leur découverte, non pas sur l'axe cérébro-spinal comme les fibres blanches à double contour, mais bien dans les ganglions, ceux-ci furent encore regardés comme les producteurs et les dépositaires de la force assimilatrice (1).

---

(1) Plusieurs auteurs pensent, aujourd'hui, que les fibres organiques communiquent, comme les fibres blanches, avec le centre cérébro-spinal; ainsi, les corpuscules nerveux qui forment, par leur agglomération, les ganglions du systeme de la vie animale et ceux de la vie vegétative, ne constitueraient pas, d'après ces auteurs, la tête ou l'origine des fibres minces à simple contour; ils seraient placés sur leur trajet. Le meilleur travail écrit sur cette matière et dans ce sens appartient à M. Ch. Robin, l'un des micrographes les plus distingués de notre pays; il reconnait deux espèces de tubes nerveux : 1° les *tubes larges* (fibres à double contour); 2° les *tubes minces* (fibres à simple contour); chacune d'elles comprend deux variétés: les *tubes sans corpuscules* (tubes moteurs) et les *tubes pourvus de corpuscules sur leur trajet* (tubes sensitifs). — Les deux espèces de tubes nerveux jouissent de propriétés identiques; ainsi, les tubes moteurs, larges et minces, transportent au sein des tissus les *excitations* qui ont pris naissance dans les centres nerveux; les tubes sensitifs reçoivent et conduisent, au foyer chargé de les percevoir, les impressions de toute nature qui se sont développées à l'intérieur ou à la surface des organes. La seule différence physiologique qui existe entre les tubes larges et les tubes minces consiste dans leur mode d'action; ces derniers fonctionnent sans que la volonté intervienne et sans que l'individu en ait conscience; les premiers, au contraire, régissent les mouvements volontaires et conduisent au *sensorium commune* des impressions *senties* par l'animal.

M. Rèmak, dans un mémoire tout récemment adressé à l'Académie des Sciences, soutient encore sa manière de voir; nos observations personnelles, d'accord avec celles de M. Robin, ne nous permettent point de la partager.

que souvent même nous n'avons vu survenir qu'avec une certaine lenteur. Les autres tissus conservent, à peu près, leurs caractères normaux, quand on prend soin de placer les sujets d'expérience dans des conditions telles que la contusion des parties paralysées devienne impossible.

Or, s'il était vrai que les nerfs charriassent dans leurs tubes élémentaires la force en vertu de laquelle le sang se combine avec les tissus, ne devrait-on pas voir survenir, après la section de *tous* les nerfs d'une région du corps, l'arrêt du mouvement vital, la gangrène et la mort? Loin d'entraîner avec elle d'aussi funestes conséquences, cette opération n'est suivie que d'une atrophie plus ou moins marquée de l'élément musculaire, altération qui accuse, non pas l'*abolition* de la nutrition, mais un simple *ralentissement* de cette fonction. Nous avons donc raison de nier l'existence d'une force assimilatrice indépendante des tissus et localisée dans le système nerveux; et l'on sera plus disposé à être de notre avis quand nous aurons expliqué, sans recourir à cette prétendue force, le ralentissement du mouvement nutritif qui est amené par la section des nerfs.

Selon nous, on doit l'attribuer au ralentissement de la circulation dans les parties paralysées, ralentissement qui est assez marqué dans certains cas pour que le pouls soit devenu à peu près insensible. En effet, la circulation et la nutrition sont deux fonctions tout à fait solidaires l'une de l'autre; circulation nulle, point de nutrition, — circulation faible, nutrition lente, — circulation rapide, nutrition très active : ce sont là autant d'axiomes physiologiques pour la démonstration desquels nous nous croyons dispensé de fournir des preuves.

Quant au ralentissement de la circulation, il est facile à expliquer par la paralysie des parois des artères et des capillaires. Ces parois, en effet, ne sont pas seulement élastiques, elles jouissent d'une contractilité très marquée, qui cesse d'être mise en jeu quand les filets moteurs chargés de l'animer ont perdu leur pouvoir excitateur.

X. — Nous pourrons maintenant nous rendre compte de la différence des résultats obtenus par M. Longet, dans ses expériences sur les nerfs mixtes, les nerfs moteurs et les nerfs sensitifs.

Ainsi, quand on coupe le sciatique, on paralyse les muscles du membre postérieur, et avec eux les vaisseaux artériels capillaires et même veineux, parce que les filets nerveux moteurs qui se distribuent dans les parois de ces vaisseaux viennent du sciatique. De là, ralentissement de la nutrition dans les tissus du membre en général, dans les muscles surtout (à cause de leur grande vascularité), et atrophie de ces derniers organes (1). — Si l'excision du facial n'a qu'une in-

---

(1) M. Brown-Séquard (*Comptes-rendus de la Société de Biologie*, 1849) explique d'une manière un peu différente l'atrophie musculaire consécutive à la section du nerf sciatique. Il pense, avec J. Reid, qu'on doit l'attribuer à l'inaction dans laquelle sont forcément plongés les muscles paralysés. Il empêche, en effet, cette atrophie en galvanisant plusieurs fois par jour, pour suppléer la contraction musculaire normale, les membres postérieurs d'animaux mammifères auxquels il a préalablement coupé le sciatique.

Nous ferons observer que, dans les expériences de M. Brown-Séquard,

fluence fort bornée sur la nutrition des muscles de la face, c'est parce que les branches artérielles de cette région reçoivent la plupart de leurs filets nerveux moteurs du plexus carotidien. Aussi, quand on excise le facial, on paralyse les muscles qu'il anime sans paralyser leurs artères, la circulation y est presque aussi active qu'avant l'opération, et la nutrition ne subit que des troubles à peine sensibles. — Quand on coupe, au contraire, les nerfs sensitifs de la face, on respecte, il est vrai, et la contractilité des muscles et la contractilité des artères; mais cette dernière est condamnée à l'inertie, parce que les centres nerveux ne sont plus avertis, par l'intermédiaire des nerfs sensitifs (à courant centripète), des circonstances qui nécessitent la mise en jeu de cette propriété. Les muscles, étant soumis à l'empire de la volonté, continuent à se contracter, mais sans recevoir plus de sang pendant l'action que pendant le repos. L'apport des matériaux

---

l'excitation galvanique a porté, non-seulement sur les muscles, mais encore sur les parois des vaisseaux. Il en est résulté une accélération de la circulation qui explique suffisamment l'effet obtenu par cet honorable expérimentateur. S'il eût pu exercer les muscles sans agir sur le mouvement circulatoire, nul doute qu'il n'eût activé, au contraire, l'émaciation musculaire.

M. Brown-Séquard s'est, sans doute, inspiré pour donner cette explication de ce fait si souvent observé: à savoir que des muscles non paralysés et condamnés à un repos longtemps prolongé ne tardent pas à diminuer de volume; mais le repos, dans ce cas, n'est pas la cause immédiate de l'émaciation; celle-ci est due, comme l'atrophie qui survient dans la paralysie, au ralentissement de la circulation. Que ces muscles atrophiés soient mis en action, et bientôt ils récupéreront leur volume primitif, parce que l'appel du sang sera plus actif dans les vaisseaux capillaires et qu'ils seront traversés, dans un temps donné, par une plus grande quantité du fluide organisable.

nutritifs n'est plus alors en rapport avec les besoins ; et la conséquence forcée d'un pareil état de choses, c'est l'atrophie rapide des muscles de la face (1).

Terminons ce paragraphe en appelant l'attention des physiologistes sur cette atonie des parois vasculaires, à laquelle nous attribuons le ralentissement du mouvement nutritif dans les organes paralysés. Elle joue, sans aucun doute, celle des capillaires surtout, un rôle important dans le développement de la gangrène qui termine si souvent les inflammations déterminées dans le derme kératogène, chez des animaux énervés, par des percussions exagérées et inintelligentes du pied sur le sol ; et c'est encore à cette atonie qu'on doit rapporter, par l'obstacle qu'elle oppose à la réaction inflammatoire, la lenteur avec laquelle marche quelquefois la cicatrisation des plaies, quand les parties vivantes sont soustraites à l'action du système nerveux.

XI. Deuxième proposition. — *La faculté d'assimiler les matériaux organisables du sang est une propriété inhérente à tous les tissus. Les nerfs n'exercent sur cette faculté qu'une influence régulatrice.*

Si la force nerveuse assimilatrice n'est qu'une fiction, il faut bien admettre que les tissus vivants jouissent, par eux-mêmes, de la propriété de s'assimiler des éléments

(1) Cette atrophie n'est peut-être pas aussi rapide que le dit M. Longet ; nous avons répété ses expériences sur le cheval, et nous sommes loin d'avoir obtenu des résultats aussi tranchés que ceux qu'il indique.

homologues à leur propre substance. « La nutrition, dit » Muller, doit être considérée, eu égard à sa cause pre» mière, comme entièrement indépendante de l'in» fluence nerveuse ; elle est le résultat d'une force inhé» rente à toutes les molécules animales vivantes.... et » qui se manifeste dans les nerfs eux-mêmes. »

Cette force, ou plutôt cette propriété, existe bien réellement ; on ne peut le contester. Blumenbach l'a nommée *force formative* (*vis formativa*) ; peut-être serait-elle aussi bien appelée *affinité organique*.

Obscure dans son essence comme toutes les forces naturelles, la force formative se manifeste d'une manière éclatante dans ses résultats, qui ne sauraient être attribués à l'une des forces physiques déjà connues. Un homme qui s'est acquis, dans les sciences chimico-physiologiques, une réputation aussi brillante que méritée, nous a démontré, au moyen d'équations chimiques, les lois qui président au dédoublement des éléments de la matière animée, à leur composition et à leur décomposition. Mais, malgré tout ce qu'il y a d'ingénieux dans les rapprochements auxquels s'est livré M. Liébig, pour expliquer les *mutations moléculaires* qui se passent dans l'organisme, il a été forcé de s'arrêter devant une barrière que l'affinité chimique ne pourra jamais franchir. Est-il possible, en effet, de faire intervenir cette propriété pour expliquer la *forme* que revêtent les matériaux organisables du sang, aprés qu'ils ont subi leurs diverses transformations chimiques? Evidemment non ! Une semblable opinion ne saurait être aujourd'hui combattue qu'avec l'arme du ridicule.

Si donc, le plasma du sang se dispose, là en tubes,

ailleurs en fibres pleines, ici en corpuscules pleins, plus loin en corpuscules creux, etc., c'est grâce à l'affinité organique, à cette propriété fondamentale de la matière vivante, bien digne de recevoir le nom de propriété vitale, cette locution étant entendue dans le sens que lui attribuait Bichat.

La force formative, commune à toutes les particules organisées, depuis la plus simple jusqu'à la plus compliquée, distingue essentiellement ces particules à l'état de vie de la matière brute. Elle remplace donc pour nous, en partie du moins, les deux propriétés vitales de Bichat. Si, en effet, nous retranchons de celles-ci ce qui, dans l'état actuel de la science, doit être rapporté aux simples propriétés de tissus (comme la *motricité* et la *sensibilité* qui appartiennent en propre au système nerveux, comme encore la *contractilité* qui représente l'activité spéciale du tissu musculaire, etc.), il nous restera quelque chose qui ressemblera singulièrement à notre affinité organique.

Nul doute que Bichat lui-même n'eût été conduit à modifier son système des propriétés vitales dans le sens que nous venons d'indiquer, si la physiologie du système nerveux eût été mieux connue de son temps, et s'il eût attaché à l'idée de propriété de tissu la même signification que les anatomistes modernes.

« Quant à l'influence incontestable que les nerfs exer-
» cent sur les parties en voie de se nourrir, elle ressem-
» ble au régulateur d'une horloge, laquelle porte en
» elle-même la cause de sa marche (1). » Nous avons

---

(1) Mueller, *Manuel de Physiologie*, traduit par Jourdan.

déjà fait pressentir, à la fin du paragraphe précédent et dans la note principale qui l'accompagne, la manière dont s'exerce cette influence régulatrice du système nerveux. Nous ne reviendrons pas sur ce sujet, car ce serait faire l'histoire des actions réflexes, et nous sortirions alors de notre sujet.

XII. Troisième proposition. — *Les organes sécréteurs, membranes ou glandes, fonctionnent en vertu d'une propriété inhérente à leur tissu, et qu'ils ne doivent nullement aux nerfs qu'ils reçoivent. Ceux-ci se bornent, comme dans l'acte de la nutrition, à régulariser la marche du phénomène sécrétoire.*

En principe, il est surabondamment prouvé, par nos expériences sur le pied du cheval, que l'acte de la sécrétion n'est pas le résultat d'une action spéciale des nerfs; il n'y a point à revenir là-dessus. Reste à démontrer maintenant la nature du rôle que nous reconnaissons au système nerveux dans les sécrétions.

Il va sans dire que les sécrétions continues, comme celle de la corne, échappent même à l'influence régulatrice des nerfs. Les glandes chargées de ces sortes de sécrétions fonctionnent, après avoir été séparées des centres nerveux, avec autant ou presque autant d'activité qu'avant l'opération. La légère différence en moins qui se remarquera quelquefois tiendra à la paralysie des vaisseaux capillaires.

En serait-il de même si l'on coupait tous les nerfs qui relient au centre cérébro-spinal une glande préposée à une sécrétion intermittente, comme la parotide, par exemple ? Non ; la sécrétion, au contraire, serait immédiatement arrêtée, et la glande condamnée à l'inertie comme un muscle privé de communication avec le foyer de l'innervation. Comment expliquer ce résultat ? Faut-il admettre que la destruction des nerfs entraîne la destruction de la propriété sécrétoire, dans la glande, et de la propriété contractile, dans le muscle ? Non sans doute ; l'activité spéciale de la glande et du muscle n'est pas abolie. Elle persiste toujours ; si elle ne se manifeste plus, c'est parce que les nerfs moteurs (à courant centrifuge) ne remplissent plus à l'égard de cette activité leur rôle d'agents excitateurs.

Le mécanisme de l'excitation qui sollicite les glandes à sécrétion intermittente à entrer en fonction est un mécanisme des plus simples; il se lie encore à la théorie des actions réflexes ; nous en citerons un exemple bien connu : pendant la mastication des aliments, la salive afflue dans la bouche. Pourquoi ? Parce que la muqueuse buccale a reçu l'impression du contact des aliments, impression qui exprime le besoin d'une insalivation plus ou moins complète, qu'ensuite cette impression a été conduite au cerveau par les filets nerveux sensitifs, qu'il en est résulté une excitation réflexe transmise dans les glandes salivaires par des filets nerveux moteurs, et qu'enfin cette excitation a *commandé* aux glandes de sécréter une quantité plus ou moins abondante du fluide salivaire.

XIII. — Les nerfs excitateurs des sécrétions n'appartiennent pas tous au grand sympathique, comme on l'a cru pendant longtemps. En effet, quelques organes sécréteurs ne reçoivent pas de nerfs de la chaîne ganglionnaire, et, parmi ceux qui en reçoivent, il en est sur lesquels ces filets nerveux n'exercent aucune espèce d'influence. La glande parotide est du nombre. Si l'on extirpe complétement le ganglion cervical supérieur qui lui fournit de nombreux rameaux, on ne modifie pas, d'une manière appréciable, la quantité de salive qu'elle sécrète, soit pendant les repas, soit dans l'intervalle qui les sépare. Nous avons pratiqué fort souvent cette opération, et, une seule fois seulement, la première, nous avons remarqué une diminution considérable dans la quantité de salive sécrétée. Ce résultat doit être attribué, croyons-nous, à la difficulté qu'éprouvait l'animal à mâcher les aliments du côté où l'opération avait été pratiquée. La plaie était effectivement fort large, et nous avions, dans un moment d'impatience, coupé le nerf hypoglosse qui se présentait avec une ténacité remarquable au devant de l'instrument tranchant.

XIV. — Nous nous étions proposé, dans ce travail, de donner quelques détails nouveaux sur l'organisation de la corne, de rechercher la nature de ce produit et son mode de formation, d'établir le rôle du système nerveux dans les phénomènes nutritifs et sécrétoires qui ont leur siége dans le derme kératogène, de démontrer enfin que les conclusions auxquelles nous sommes arrivé sur ce dernier sujet sont applicables à tous les actes de nutrition et de sécrétion. Nous sommes arrivé à la fin de notre tâche avec l'espoir de n'avoir pas fait un travail inutile. Si l'on y trouve des lacunes et

des imperfections (il y en a beaucoup), qu'on nous les pardonne en faveur de la difficulté du sujet que nous avions entrepris de traiter.

---

EXPLICATION DES FIGURES.

*Fig.* 1 (grossissement, 300 fois). Formes diverses des lamelles cornées. A, épithélium pris dans la corne molle (en voie de formation) de la cavité cutigérale. Il n'est pas encore complètement aplati en lamelle et porte deux corpuscules pigmentaires.

*Fig.* 2 (gross., 100 fois). Fibrille du périople traitée par la potasse caustique. A, A, A, Cristaux provenant de la matière amorphe, après sa dissolution dans la potasse.

*Fig.* 3 (gross., 100 fois). Tubes de la sole coupés transversalement et traités par la potasse caustique. Cette figure montre le mode de stratification des lamelles épithéliales dans les parois des tubes et la substance intertubulaire.

*Fig.* 4 (gross., 100 fois). Coupe longitudinale de quatre tubes de la paroi pris au point d'union de la corne blanche et de la corne noire. Les points noirs de la substance intertubulaire sont des corpuscules pigmentaires assez mal représentés dans cette figure.

*Fig.* 5 (gross., 100 fois). Coupe transversale de plusieurs tubes de la sole.

*Fig.* 6 (gross., 100 fois). Coupe oblique de plusieurs tubes cornés de la muraille (corne blanche). Ils sont complètement remplis de la matière amorphe, qui forme de plus des dépôts irréguliers en dehors de leur canal intérieur.

*Fig.* 7 (gross., 140 fois). Quatre tubes de la paroi coupés un peu obliquement près de leur origine. Cette figure montre l'absence de membrane intérieure dans les canaux de la corne.

*Fig.* 8 (gross., 35 fois). Tubes de la paroi et du périople coupés transversalement. A, A, Corne du périople. B, B, Corne de la muraille. C, C, C, Lamelles de la face antérieure de la paroi se perdant dans le périople.

*Fig.* 9. Tubes de la paroi (corne noire) coupés transversalement.

---

Lyon. Imp. Nigon, r. Chalamont.

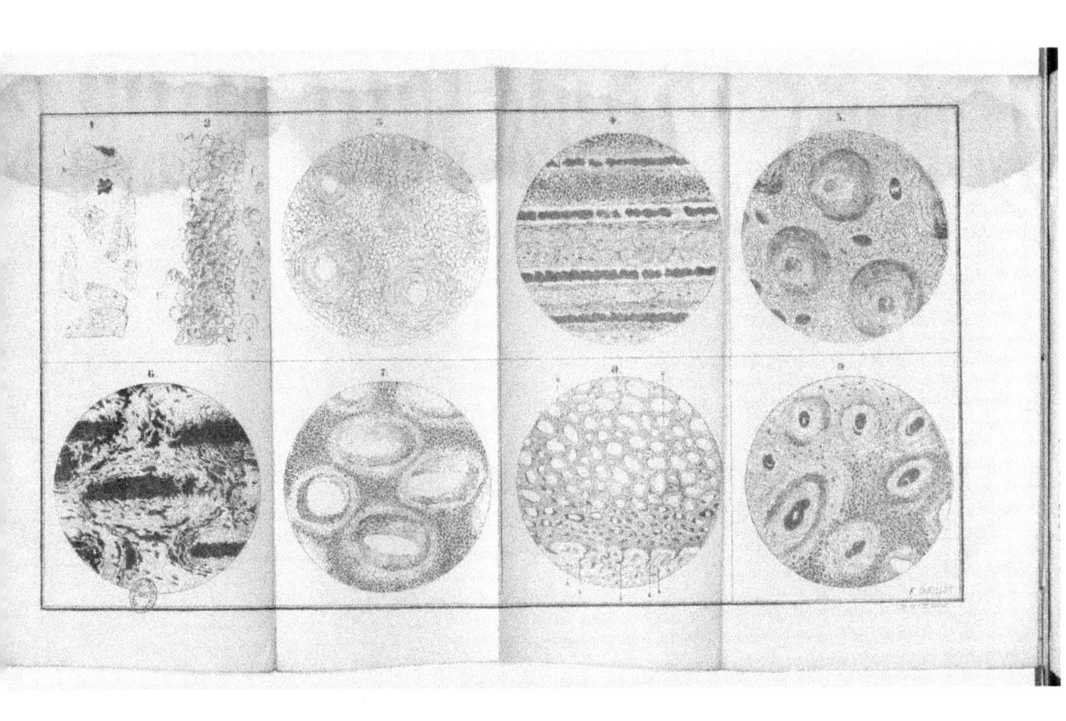

www.ingramcontent.com/pod-product-compliance
Ingram Content Group UK Ltd.
Pitfield, Milton Keynes, MK11 3LW, UK
UKHW022136260726
13993UKWH00003B/1476